Why?

사고력도 탄탄! 창의력도 탄탄!
수학 일등의 지름길 「기탄사고력수학」

♛ 단계별·능력별 프로그램식 학습지입니다

유아부터 초등학교 6학년까지 각 단계별로 4~6권씩 총 52권으로 구성되었으며, 처음 시작할 때 나이와 학년에 관계없이 능력별 수준에 맞추어 학습하는 프로그램식 학습지입니다.

♛ 사고력·창의력을 키워 주는 수학 학습지입니다

다양한 사고 단계를 거쳐 문제 해결력을 높여 주며, 개념과 원리를 이해하도록 하여 수학적 사고력을 키워 줍니다. 또 수학적 사고를 바탕으로 스스로 생각하고 깨닫는 창의력을 키워 줍니다.

♛ 유아 과정은 물론 초등학교 수학의 전 영역을 골고루 학습합니다

운필력, 공간 지각력, 수 개념 등 유아 과정부터 시작하여, 초등학교 과정인 수와 연산, 도형 등 수학의 전 영역을 골고루 다루어, 자녀들의 수학적 사고의 폭을 넓히는 데 큰 도움을 줍니다.

♛ 학습 지도 가이드와 다양한 학습 성취도 평가 자료를 수록했습니다

매주, 매달, 매 단계마다 학습 목표에 따른 지도 내용과 지도 요점, 완벽한 해설을 제공하여 학부모님께서 쉽게 지도하실 수 있습니다. 창의력 문제와 수학 경시 대회 예상 문제를 단계별로 수록, 수학 실력을 완성시켜 줍니다.

♛ 과학적 학습 분량으로 공부하는 습관이 몸에 배입니다

하루 10~20분 정도의 과학적 학습량으로 공부에 싫증을 느끼지 않게 하고, 학습에 자신감을 가지도록 하였습니다. 매일 일정 시간 꾸준하게 공부하도록 하면, 시키지 않아도 공부하는 습관이 몸에 배게 됩니다.

「기탄사고력수학」은 체계적이고 장기적인 프로그램으로 꾸준히 학습하면 반드시 성적으로 보답합니다

✿ **스몰 스텝(Small Step)방식으로 꾸준히 학습하면 성적이 올라갑니다**

「기탄사고력수학」은 단순히 문제만 나열한 문제집이 아닙니다. 체계적이고 장기적인 학습프로그램을 통해 수학적 사고력과 창의력을 완성시켜 주는 스몰 스텝(Small Step)방식으로 꾸준히 학습하면 반드시 성적이 올라갑니다.

✿ **하루 3장, 10~20분씩 규칙적으로 학습하게 하세요**

매일 일정 시간에 일정한 학습량을 꾸준히 재미있게 해야만 학습효과를 높일 수 있습니다. 주별로 분철하기 쉽게 제본되어 있으니, 교재를 구입하시면 먼저 분철하여 일주일 학습 분량만 자녀들에게 나누어 주세요. 그래야만 아이들이 학습 성취감과 자신감을 가질 수 있습니다.

✿ **자녀들의 수준에 알맞은 교재를 선택하세요**

〈기탄사고력수학〉은 유아에서 초등학교 6학년까지, 나이와 학년에 관계없이 학습 난이도별로 자신의 능력에 맞는 단계를 선택하여 시작하는 능력별 교재입니다. 그러나 자녀의 수준보다 1~2단계 낮춘 교재부터 시작하면 학습에 더욱 자신감을 갖게 되어 효과적입니다.

교재 구분	교재 구성	대 상
A단계 교재	1, 2, 3, 4집	4세 ~ 5세 아동
B단계 교재	1, 2, 3, 4집	5세 ~ 6세 아동
C단계 교재	1, 2, 3, 4집	6세 ~ 7세 아동
D단계 교재	1, 2, 3, 4집	7세 ~ 초등학교 1학년
E단계 교재	1, 2, 3, 4, 5, 6집	초등학교 1학년
F단계 교재	1, 2, 3, 4, 5, 6집	초등학교 2학년
G단계 교재	1, 2, 3, 4, 5, 6집	초등학교 3학년
H단계 교재	1, 2, 3, 4, 5, 6집	초등학교 4학년
I단계 교재	1, 2, 3, 4, 5, 6집	초등학교 5학년
J단계 교재	1, 2, 3, 4, 5, 6집	초등학교 6학년

「기탄사고력수학」으로
수학 성적 올리는 일등비법을 공개합니다

※ 문제를 먼저 풀어 주지 마세요

기탄사고력수학은 직관(전체 감지)을 논리(이론과 구체 연결)로 발전시켜 답을 구하도록 구성되었습니다. 쉽게 문제를 풀지 못하더라도 노력하는 과정에서 더 많은 것을 얻을 수 있으니, 약간의 힌트 외에는 자녀가 스스로 끝까지 문제를 풀어 나갈 수 있도록 격려해 주세요.

※ 교재는 이렇게 활용하세요

먼저 자녀들의 능력에 맞는 교재를 선택하세요. 그리고 일주일 분량씩 분철하여 매일 3장씩 풀 수 있도록 해 주세요. 한꺼번에 많은 양의 교재를 주시면 어린이가 부담을 느껴서 학습을 미루거나 포기하기 쉽습니다. 적당한 양을 매일매일 학습하도록 하여 수학 공부하는 재미를 느낄 수 있도록 해 주세요.

※ 교재 학습 과정을 꼭 지켜 주세요

한 주 학습이 끝날 때마다 창의력 문제와 경시 대회 예상 문제를 꼭 풀고 넘어가도록 해 주시고, 한 권(한 달 과정)이 끝나면 성취도 테스트와 종료 테스트를 통해 스스로 실력을 가늠해 볼 수 있도록 도와 주세요. 문제를 다 풀면 반드시 해답지를 이용하여 정확하게 채점해 주시고, 틀린 문제를 체크해 놓았다가 다음에는 확실히 풀 수 있도록 지도해 주세요.

※ 자녀의 학습 관리를 게을리 하지 마세요

수학적 사고는 하루 아침에 생겨나는 것이 아닙니다. 날마다 꾸준히 규칙적으로 학습해 나갈 때에만 비로소 수학적 사고의 기틀이 마련되는 것입니다. 교육은 사랑입니다. 자녀가 학습한 부분을 어머니께서 꼭 확인하시면서 사랑으로 돌봐 주세요. 부모님의 관심 속에서 자란 아이들만이 성적 향상은 물론 이 사회에서 꼭 필요한 인격체로 성장해 나갈 수 있다는 것도 잊지 마세요.

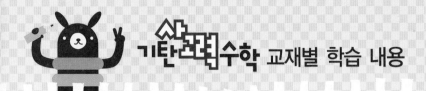

기탄고력수학 교재별 학습 내용

A 단계 교재

A - ❶ 교재	A - ❷ 교재
나와 가족에 대하여 알기 바른 행동 알기 다양한 선 그리기 다양한 사물 색칠하기 ○△□ 알기 똑같은 것 찾기 빠진 것 찾기 종류가 같은 것과 다른 것 찾기 관찰력, 논리력, 사고력 키우기	필요한 물건 찾기 관계 있는 것 찾기 다양한 기준에 따라 분류하기 (종류, 용도, 모양, 색깔, 재질, 계절, 성질 등) 두 가지 기준에 따라 분류하기 다섯까지 세기 변별력 키우기 미로 통과하기
A - ❸ 교재	**A - ❹ 교재**
다양한 기준으로 비교하기 (길이, 높이, 양, 무게, 크기, 두께, 넓이, 속도, 깊이 등) 시간의 순서 비교하기 반대 개념 알기 3까지의 숫자 배우기 그림 퍼즐 맞추기 미로 통과하기	최상급 개념 알기 다양한 기준으로 순서 짓기 (크기, 시간, 길이, 두께 등) 네 가지 이상 비교하기 이중 서열 알기 ABAB, ABCABC의 규칙성 알기 다양한 규칙 이해하기 부분과 전체 알기 5까지의 숫자 배우기 일대일 대응, 일대다 대응 알기 미로 통과하기

B 단계 교재

B - ❶ 교재	B - ❷ 교재
열까지 세기 9까지의 숫자 배우기 사물의 기본 모양 알기 모양 구성하기 모양 나누기와 합치기 같은 모양, 짝이 되는 모양 찾기 위치 개념 알기 (위, 아래, 앞, 뒤) 위치 파악하기	9까지의 수량, 수 단어, 숫자 연결하기 구체물을 이용한 수 익히기 반구체물을 이용한 수 익히기 위치 개념 알기 (안, 밖, 왼쪽, 가운데, 오른쪽) 다양한 위치 개념 알기 시간 개념 알기 (낮, 밤) 구체물을 이용한 수와 양의 개념 알기 (같다, 많다, 적다)
B - ❸ 교재	**B - ❹ 교재**
순서대로 숫자 쓰기 거꾸로 숫자 쓰기 1 큰 수와 2 큰 수 알기 1 작은 수와 2 작은 수 알기 반구체물을 이용한 수와 양의 개념 알기 보존 개념 익히기 여러 가지 단위 배우기	순서수 알기 사물의 입체 모양 알기 입체 모양 나누기 두 수의 크기 비교하기 여러 수의 크기 비교하기 0의 개념 알기 0부터 9까지의 수 익히기

C – ❶ 교재	C – ❷ 교재
구체물을 통한 수 가르기 반구체물을 통한 수 가르기 숫자를 도입한 수 가르기 구체물을 통한 수 모으기 반구체물을 통한 수 모으기 숫자를 도입한 수 모으기	수 가르기와 모으기 여러 가지 방법으로 수 가르기 수 모으고 다시 수 가르기 수 가르고 다시 수 모으기 더해 보기 세로로 더해 보기 빼 보기 세로로 빼 보기 더해 보기와 빼 보기 바꾸어서 셈하기

C – ❸ 교재		C – ❹ 교재
길이 측정하기 넓이 측정하기 둘레 측정하기 부피 측정하기 활동 시간 알아보기 여러 가지 측정하기	높이 측정하기 크기 측정하기 무게 측정하기 들이 측정하기 시간의 순서 알아보기	열 개 열 개 만들어 보기 열 개 묶어 보기 자리 알아보기 수 '10' 알아보기 10의 크기 알아보기 더하여 10이 되는 수 알아보기 열다섯까지 세어 보기 스물까지 세어 보기

단계 교재

D – ❶ 교재	D – ❷ 교재
수 11~20 알기 11~20까지의 수 알기 30까지의 수 알아보기 자릿값을 이용하여 30까지의 수 나타내기 40까지의 수 알아보기 자릿값을 이용하여 40까지의 수 나타내기 자릿값을 이용하여 50까지의 수 나타내기 50까지의 수 알아보기	상자 모양, 공 모양, 둥근기둥 모양 알아보기 공간 위치 알아보기 입체도형으로 모양 만들기 여러 방향에서 본 모습 관찰하기 평면도형 알아보기 선대칭 모양 알아보기 모양 만들기와 탱그램

D – ❸ 교재	D – ❹ 교재
덧셈 이해하기 100이 되는 더하기 여러 가지로 더해 보기 덧셈 익히기 뺄셈 이해하기 10에서 빼기 여러 가지로 빼 보기 뺄셈 익히기	조사하여 기록하기 그래프의 이해 그래프의 활용 분수의 이해 시간 느끼기 사건의 순서 알기 소요 시간 알아보기 달력 보기 시계 보기 활동한 시간 알기

단계 교재

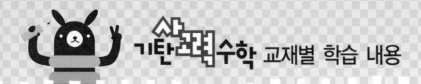

기탄교력수학 교재별 학습 내용

단계 교재

E - ❶ 교재	E - ❷ 교재	E - ❸ 교재
사물의 개수를 세어 보고 1, 2, 3, 4, 5 알아보기 0의 개념과 0~5까지의 수의 순서 알기 하나 더 많다, 적다의 개념 알기 두 수의 크기 비교하기 사물의 개수를 세어 보고 6, 7, 8, 9 알아보기 0~9까지의 수의 순서 알기 하나 더 많다, 적다의 개념 알기 두 수의 크기 비교하기 여러 가지 모양 알아보기, 찾아보기, 만들어 보기 규칙 찾기	두 수로 가르기 두 수를 모으기 가르기와 모으기 덧셈식 알아보기 뺄셈식 알아보기 길이 비교해 보기 높이 비교해 보기 들이 비교해 보기 무게 비교해 보기 넓이 비교해 보기	수 10(십) 알아보기 19까지의 수 알아보기 몇십과 몇십 몇 알아보기 물건의 수 세기 50까지 수의 순서 알아보기 두 수의 크기 비교하기 분류하기 분류하여 세어 보기

E - ❹ 교재	E - ❺ 교재	E - ❻ 교재
수 60, 70, 80, 90 99까지의 수 수의 순서 두 수의 크기 비교 여러 가지 모양 알아보기, 찾아보기 여러 가지 모양 만들기, 그리기 규칙 찾기 10을 두 수로 가르기 100이 되도록 두 수를 모으기	10이 되는 더하기 10에서 빼기 세 수의 덧셈과 뺄셈 (몇십)+(몇), (몇십 몇)+(몇), (몇십 몇)+(몇십 몇) (몇십 몇)-(몇), (몇십 몇)-(몇십 몇) 긴바늘, 짧은바늘 알아보기 몇 시 알아보기 몇 시 30분 알아보기	세 수의 덧셈 받아올림이 있는 (몇)+(몇) 받아내림이 있는 (십 몇)-(몇) 세 수의 계산 덧셈식, 뺄셈식 만들기 □가 있는 덧셈식, 뺄셈식 만들기 여러 가지 방법으로 해결하기

단계 교재

F - ❶ 교재	F - ❷ 교재	F - ❸ 교재
백(100)과 몇백(200, 300, ……)의 개념 이해 세 자리 수와 뛰어 세기의 이해 세 자리 수의 크기 비교 받아올림이 있는 (두 자리 수)+(한 자리 수)의 계산 받아내림이 있는 (두 자리 수)-(한 자리 수)의 계산 세 수의 덧셈과 뺄셈 선분과 직선의 차이 이해 사각형, 삼각형, 원 등의 여러 가지 모양 쌓기나무로 똑같이 쌓아 보고 여러 가지 모양 만들기 배열 순서에 따라 규칙 찾아내기	받아올림이 있는 (두 자리 수)+(두 자리 수)의 계산 받아내림이 있는 (두 자리 수)-(두 자리 수)의 계산 여러 가지 방법으로 계산하고 세 수의 혼합 계산 길이 비교와 단위길이의 비교 길이의 단위(cm) 알기 길이 재기와 길이 어림하기 어떤 수를 □로 나타내기 덧셈식·뺄셈식에서 □의 값 구하기 어떤 수를 구하는 식 만들기 식에 알맞은 문제 만들기	시각 읽기 시각과 시간의 차이 알기 하루의 시간 알기 달력을 보며 1년 알기 몇 시 몇 분 전 알기 반 시간 알기 묶어 세기 몇 배 알아보기 더하기를 곱하기로 나타내기 덧셈식과 곱셈식으로 나타내기

F - ❹ 교재	F - ❺ 교재	F - ❻ 교재
2~9의 단 곱셈구구 익히기 1의 단 곱셈구구와 0의 곱 곱셈표에서 규칙 찾기 받아올림이 없는 세 자리 수의 덧셈 받아내림이 없는 세 자리 수의 뺄셈 여러 가지 방법으로 계산하기 미터(m)와 센티미터(cm) 길이 재기 길이 어림하기 길이의 합과 차	받아올림이 있는 세 자리 수의 덧셈 받아내림이 있는 세 자리 수의 뺄셈 여러 가지 방법으로 덧셈·뺄셈하기 세 수의 혼합 계산 똑같이 나누기 전체와 부분의 크기 분수의 쓰기와 읽기 분수만큼 색칠하고 분수로 나타내기 표와 그래프로 나타내기 조사하여 표와 그래프로 나타내기	□가 있는 곱셈식을 만들어 문제 해결하기 규칙을 찾아 문제 해결하기 거꾸로 생각하여 문제 해결하기

단계 교재

G - ❶ 교재	G - ❷ 교재	G - ❸ 교재
1000의 개념 알기 몇천, 네 자리 수 알기 수의 자릿값 알기 뛰어 세기, 두 수의 크기 비교 세 자리 수의 덧셈 덧셈의 여러 가지 방법 세 자리 수의 뺄셈 뺄셈의 여러 가지 방법 각과 직각의 이해 직각삼각형, 직사각형, 정사각형의 이해	똑같이 묶어 덜어 내기와 똑같게 나누기 나눗셈의 몫 곱셈과 나눗셈의 관계 나눗셈의 몫을 구하는 방법 나눗셈의 세로 형식 곱셈을 활용하여 나눗셈의 몫 구하기 평면도형 밀기, 뒤집기, 돌리기 평면도형 뒤집고 돌리기 (몇십)×(몇)의 계산 (두 자리 수)×(한 자리 수)의 계산	분수만큼 알기와 분수로 나타내기 몇 개인지 알기 분수의 크기 비교 mm 단위를 알기와 mm 단위까지 길이 재기 km 단위를 알기 km, m, cm, mm의 단위가 있는 길이의 합과 차 구하기 시각과 시간의 개념 알기 1초의 개념 알기 시간의 합과 차 구하기
G - ❹ 교재	G - ❺ 교재	G - ❻ 교재
(네 자리 수)+(세 자리 수) (네 자리 수)+(네 자리 수) (네 자리 수)-(세 자리 수) (네 자리 수)-(네 자리 수) 세 수의 덧셈과 뺄셈 (세 자리 수)×(한 자리 수) (몇십)×(몇십) / (두 자리 수)×(몇십) (두 자리 수)×(두 자리 수) 원의 중심과 반지름 / 그리기 / 지름 / 성질	(몇십)÷(몇) 내림이 없는 (몇십 몇)÷(몇) 나눗셈의 몫과 나머지 나눗셈식의 검산 / (몇십 몇)÷(몇) 들이 / 들이의 단위 들이의 어림하기와 합과 차 무게 / 무게의 단위 무게의 어림하기와 합과 차 0.1 / 소수 알아보기 소수의 크기 비교하기	막대그래프 막대그래프 그리기 그림그래프 그림그래프 그리기 알맞은 그래프로 나타내기 규칙을 정해 무늬 꾸미기 규칙을 찾아 문제 해결 표를 만들어서 문제 해결 예상과 확인으로 문제 해결

단계 교재

H - ❶ 교재	H - ❷ 교재	H - ❸ 교재
만 / 다섯 자리 수 / 십만, 백만, 천만 억 / 조 / 큰 수 뛰어서 세기 두 수의 크기 비교 100, 1000, 10000, 몇백, 몇천의 곱 (세,네 자리 수)×(두 자리 수) 세 수의 곱셈 / 몇십으로 나누기 (두,세 자리 수)÷(두 자리 수) 각의 크기 / 각 그리기 / 각도의 합과 차 삼각형의 세 각의 크기의 합 사각형의 네 각의 크기의 합	이등변삼각형 / 이등변삼각형의 성질 정삼각형 / 예각과 둔각 예각삼각형 / 둔각삼각형 덧셈, 뺄셈 또는 곱셈, 나눗셈이 섞여 있는 혼합 계산 덧셈, 뺄셈, 곱셈, 나눗셈이 섞여 있는 혼합 계산 ( ), { }가 있는 혼합 계산 분수와 진분수 / 가분수와 대분수 대분수를 가분수로, 가분수를 대분수로 나타내기 분모가 같은 분수의 크기 비교	소수 소수 두 자리 수 소수 세 자리 수 소수 사이의 관계 소수의 크기 비교 규칙을 찾아 수로 나타내기 규칙을 찾아 글로 나타내기 새로운 무늬 만들기
H - ❹ 교재	H - ❺ 교재	H - ❻ 교재
분모가 같은 진분수의 덧셈 분모가 같은 대분수의 덧셈 분모가 같은 진분수의 뺄셈 분모가 같은 대분수의 뺄셈 분모가 같은 대분수와 진분수의 덧셈과 뺄셈 소수의 덧셈 / 소수의 뺄셈 수직과 수선 / 수선 긋기 평행선 / 평행선 긋기 평행선 사이의 거리	사다리꼴 / 평행사변형 / 마름모 직사각형과 정사각형의 성질 다각형과 정다각형 / 대각선 여러 가지 모양 만들기 여러 가지 모양으로 덮기 직사각형과 정사각형의 둘레 1cm² / 직사각형과 정사각형의 넓이 여러 가지 도형의 넓이 이상과 이하 / 초과와 미만 / 수의 범위 올림과 버림 / 반올림 / 어림의 활용	꺾은선그래프 꺾은선그래프 그리기 물결선을 사용한 꺾은선그래프 물결선을 사용한 꺾은선그래프 그리기 알맞은 그래프로 나타내기 꺾은선그래프의 활용 두 수 사이의 관계 두 수 사이의 관계를 식으로 나타내기 문제를 해결하고 풀이 과정을 설명하기

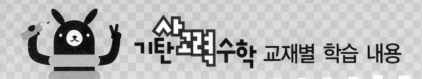

I 단계 교재

단계 교재

I - ❶ 교재	I - ❷ 교재	I - ❸ 교재
약수 / 배수 / 배수와 약수의 관계 공약수와 최대공약수 공배수와 최소공배수 크기가 같은 분수 알기 크기가 같은 분수 만들기 분수의 약분 / 분수의 통분 분수의 크기 비교 / 진분수의 덧셈 대분수의 덧셈 / 진분수의 뺄셈 대분수의 뺄셈 / 세 분수의 덧셈과 뺄셈	세 분수의 덧셈과 뺄셈 (진분수)×(자연수) / (대분수)×(자연수) (자연수)×(진분수) / (자연수)×(대분수) (단위분수)×(단위분수) (진분수)×(진분수) / (대분수)×(대분수) 세 분수의 곱셈 / 합동인 도형의 성질 합동인 삼각형 그리기 면, 모서리, 꼭짓점 직육면체와 정육면체 직육면체의 성질 / 겨냥도 / 전개도	평행사변형의 넓이 삼각형의 넓이 사다리꼴의 넓이 마름모의 넓이 넓이의 단위 m^2, a 넓이의 단위 ha, km^2 넓이의 단위 관계 무게의 단위
I - ❹ 교재	**I - ❺ 교재**	**I - ❻ 교재**
분수와 소수의 관계 분수를 소수로, 소수를 분수로 나타내기 분수와 소수의 크기 비교 1÷(자연수)를 곱셈으로 나타내기 (자연수)÷(자연수)를 곱셈으로 나타내기 (진분수)÷(자연수) / (가분수)÷(자연수) (대분수)÷(자연수) 분수와 자연수의 혼합 계산 선대칭도형/선대칭의 위치에 있는 도형 점대칭도형/점대칭의 위치에 있는 도형	(소수)×(자연수) / (자연수)×(소수) 곱의 소수점의 위치 (소수)×(소수) 소수의 곱셈 (소수)÷(자연수) (자연수)÷(자연수) 줄기와 잎 그림 그림그래프 평균 자료를 그래프로 나타내고 설명하기	두 수의 크기 비교 비율 백분율 할푼리 실제로 해 보기와 표 만들기 그림 그리기와 식 만들기 예상하고 확인하기와 표 만들기 실제로 해 보기와 규칙 찾기

J 단계 교재

단계 교재

J - ❶ 교재	J - ❷ 교재	J - ❸ 교재
(자연수)÷(단위분수) 분모가 같은 진분수끼리의 나눗셈 분모가 다른 진분수끼리의 나눗셈 (자연수)÷(진분수) / 대분수의 나눗셈 분수의 나눗셈 활용하기 소수의 나눗셈 / (자연수)÷(소수) 소수의 나눗셈에서 나머지 반올림한 몫 입체도형과 각기둥 / 각뿔 각기둥의 전개도 / 각뿔의 전개도	쌓기나무의 개수 쌓기나무의 각 자리, 각 층별로 나누어 개수 구하기 규칙 찾기 쌓기나무로 만든 것, 여러 가지 입체도형, 여러 가지 생활 속 건축물의 위, 앞, 옆 에서 본 모양 원주와 원주율 / 원의 넓이 띠그래프 알기 / 띠그래프 그리기 원그래프 알기 / 원그래프 그리기	비례식 비의 성질 가장 작은 자연수의 비로 나타내기 비례식의 성질 비례식의 활용 연비 두 비의 관계를 연비로 나타내기 연비의 성질 비례배분 연비로 비례배분
J - ❹ 교재	**J - ❺ 교재**	**J - ❻ 교재**
(소수)÷(분수) / (분수)÷(소수) 분수와 소수의 혼합 계산 원기둥 / 원기둥의 전개도 원뿔 회전체 / 회전체의 단면 직육면체와 정육면체의 겉넓이 부피의 비교 / 부피의 단위 직육면체와 정육면체의 부피 부피의 큰 단위 부피와 들이 사이의 관계	원기둥의 겉넓이 원기둥의 부피 경우의 수 순서가 있는 경우의 수 여러 가지 경우의 수 확률 미지수를 x로 나타내기 등식 알기 / 방정식 알기 등식의 성질을 이용하여 방정식 풀기 방정식의 활용	두 수 사이의 대응 관계 / 정비례 정비례를 활용하여 생활 문제 해결하기 반비례 반비례를 활용하여 생활 문제 해결하기 그림을 그리거나 식을 세워 문제 해결하기 거꾸로 생각하거나 식을 세워 문제 해결하기 표를 작성하거나 예상과 확인을 통하여 문제 해결하기 여러 가지 방법으로 문제 해결하기 새로운 문제를 만들어 풀어 보기

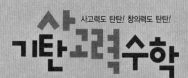

B2
B61a ~ B75b

이렇게 도와주세요!

수량과 숫자 관련 짓기 1

수를 셀 수 있게 된 유아는 이번 학습을 통해 수량을 숫자로 나타내는 법을 배웁니다. 수량을 숫자, 수 단어로 표현하는 것은 유아에게 다소 혼란스럽게 느껴질 수 있습니다. 다양한 표현을 차근차근 익힐 수 있도록 합니다.

공간에 관한 기초 개념 알기 3

왼손과 오른손을 구분하면서 공간 학습의 기초를 쌓아 갑니다. 직접 손을 펼쳐 보고 여러 동작을 따라 하면서 왼손과 오른손에 대한 이해뿐 아니라 좌우 대칭의 개념도 자연스럽게 접하게 됩니다.

지도 목표

• 수량과 숫자를 관련 지을 수 있게 합니다.
• 숫자를 쓰고, 다양한 수 표현 방법을 알게 합니다.
• 왼손과 오른손의 모양을 구분하고 방향을 알게 합니다.

지도 요점

• 숫자와 수 단어를 처음부터 말해 보면서 관계를 차근차근 익히도록 합니다.
• 손을 직접 관찰하면서 왼손과 오른손을 구분하도록 합니다.

[3까지의 수량, 수 단어, 숫자 연결하기]

😊 방패 안의 수를 잘 보고, 수가 다른 방패 두 개를 찾아 ◯ 해 보세요.

😊 팻말 안의 수와 화살의 개수가 같은 것을 모두 찾아 ◯ 해 보세요.

이름 :

날짜 :

확인

😊 같은 수를 나타내는 것끼리 선으로 이어 보세요.

😊 같은 수를 나타내는 것끼리 선으로 이어 보세요.

이

삼

일

셋

둘

넷

하나

기탄교력수학

B63a

이름 :

날짜 :

😊 동물의 수를 세어 보고, 아래에서 같은 수를 찾아 ◯ 해 보세요.

1 2 3

하나 둘 셋

하나 둘 셋

1 2 3

물건의 수를 세어 보고, 그 수를 빈 곳에 다양하게 표현해 보세요.

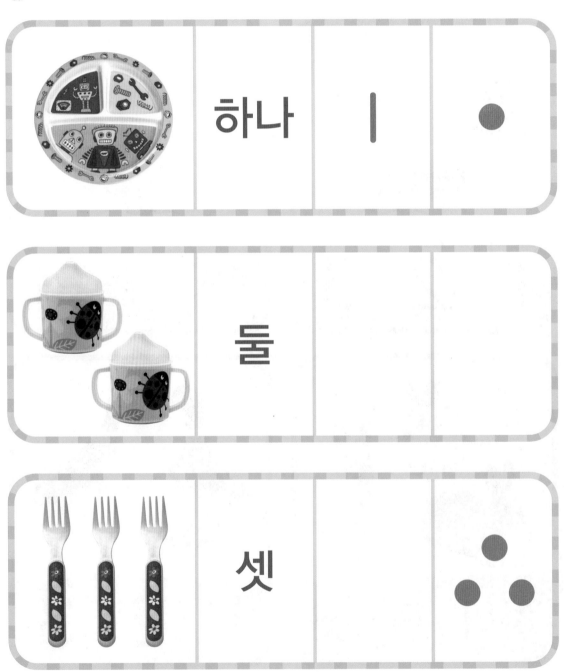

기탄고력수학

이름 :

날짜 :

확인

😊 같은 수를 나타내는 구슬끼리 선으로 이어서 구슬을 꿰어 보세요.

같은 수를 나타내는 칸끼리 선으로 연결해서 긴 기차를 만들어 보세요.

B65a

이름 :

날짜 :

확인

[반구체물을 이용한 3까지의 수 익히기]

🙂 동물의 수를 세어 보고, 빈칸에 알맞은 수를 써 보세요.

😊 ☐ 안의 수와 모양의 개수가 같아지도록 빈 곳에 모양을 그려 보세요.

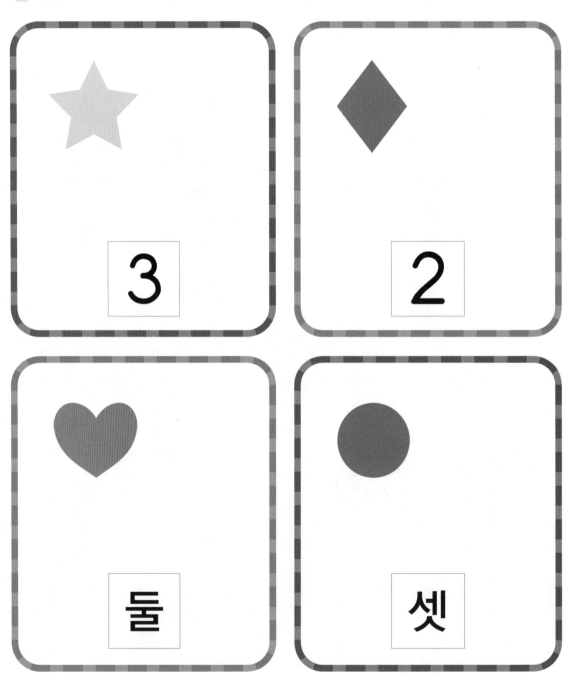

이름 :

날짜 :

확인

😊 같은 수를 나타내는 것끼리 선으로 이어 보세요.

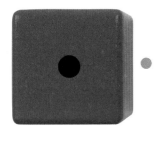

둘

하나

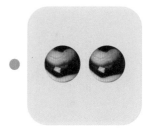

셋

😊 같은 수를 나타내는 것끼리 선으로 이어 보세요.

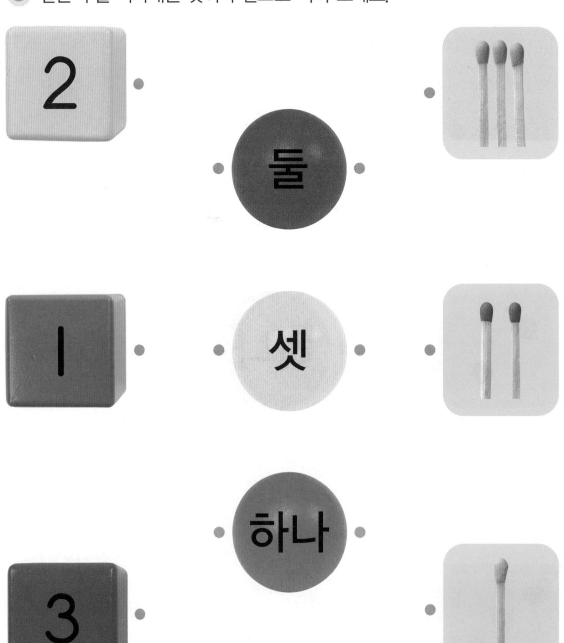

같은 숫자가 쓰여 있는 곳끼리 같은 색으로 칠해 그림을 완성해 보세요.

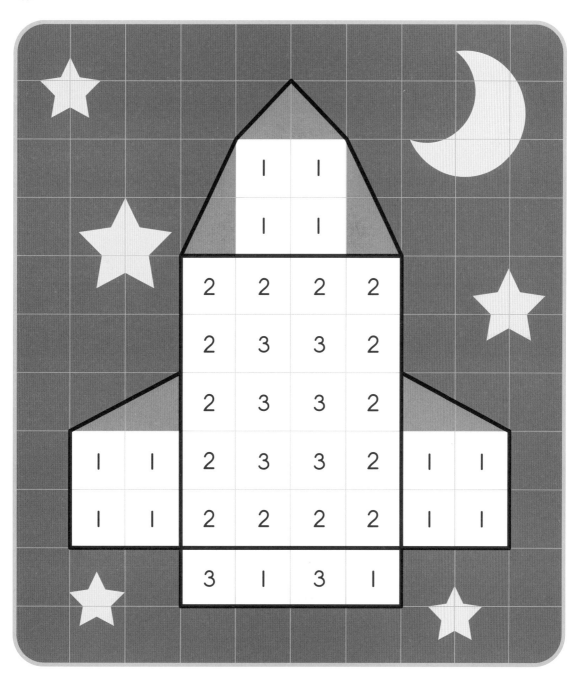

☺ 왼쪽의 수만큼 오른쪽 빈 곳에 아래의 색깔 종이를 오려 붙여 보세요.

1	
2	
3	
하나	
둘	
셋	

✂ -

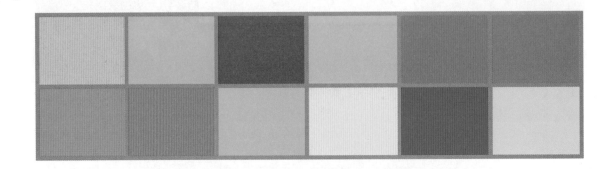

이름 :

날짜 :

1은 빨강, 2는 연두, 3은 초록으로 칠해 그림을 완성해 보세요.

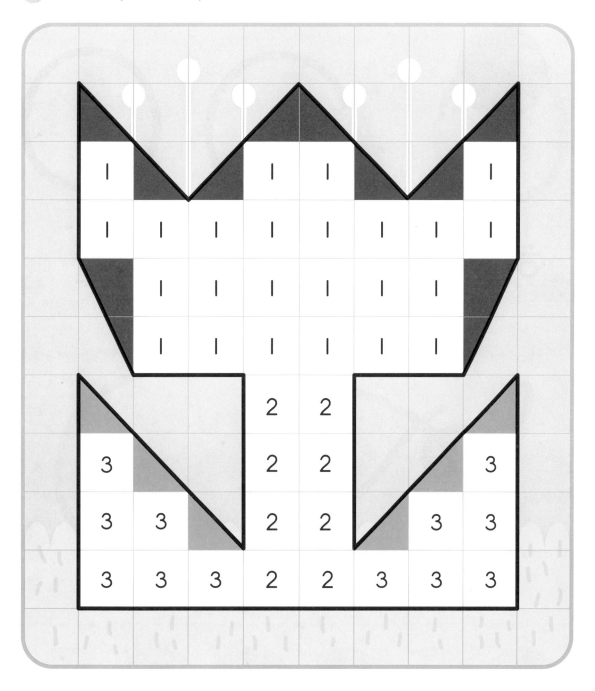

😊 ☐ 안의 수와 구슬의 수가 같아지도록 아래의 구슬을 오려 붙여 보세요.

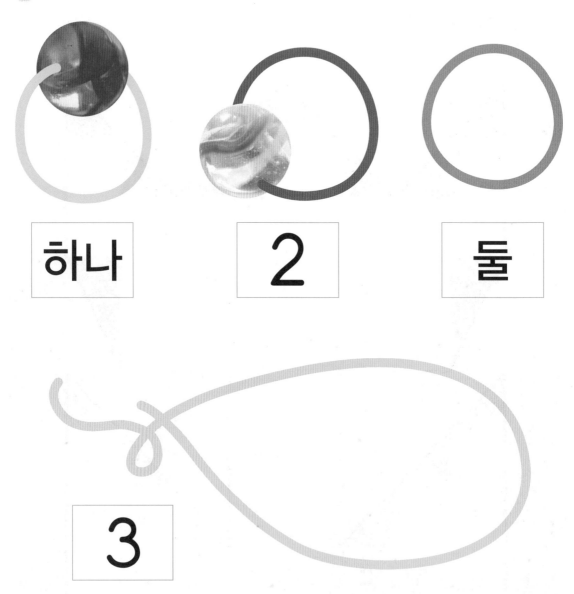

| 하나 | 2 | 둘 |

3

이름 :

날짜 :

[위치 개념 알기 I]

😊 빈 스케치북에 그림과 같이 왼손을 대고, 둘레를 따라 그려 보세요.

왼손

😊 빈 스케치북에 그림과 같이 오른손을 대고, 둘레를 따라 그려 보세요.

이름 :

날짜 :

지휘자 아저씨의 왼손은 빨강, 오른손은 파랑으로 칠해 보세요.

😊 오른손을 들고 있는 친구를 모두 찾아 ◯ 해 보세요.

이름 :

날짜 :

장갑을 끼지 않은 손에 알맞은 장갑을 찾아 선으로 이어 보세요.

😊 아래의 장갑을 오린 뒤, 눈사람의 양쪽에 알맞게 붙여 보세요.

이름 :

날짜 :

오른쪽과 왼쪽의 손발에 각각 알맞은 물건을 찾아 선으로 이어 보세요.

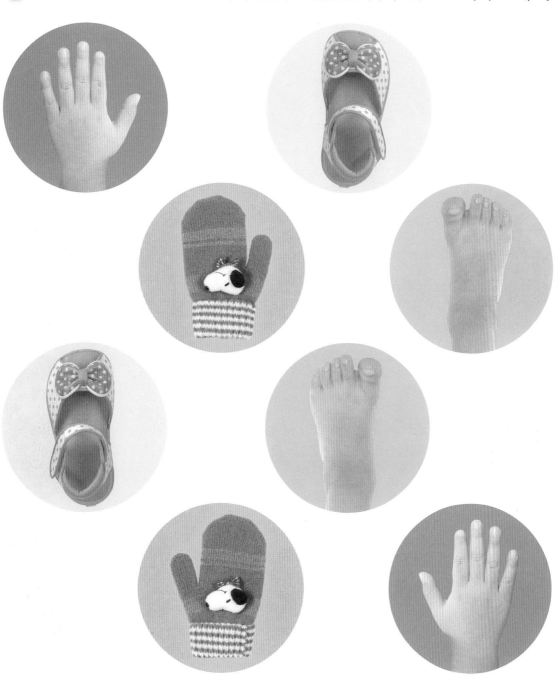

왼쪽과 오른쪽의 신발이 서로 짝이 되도록 선으로 이어 보세요.

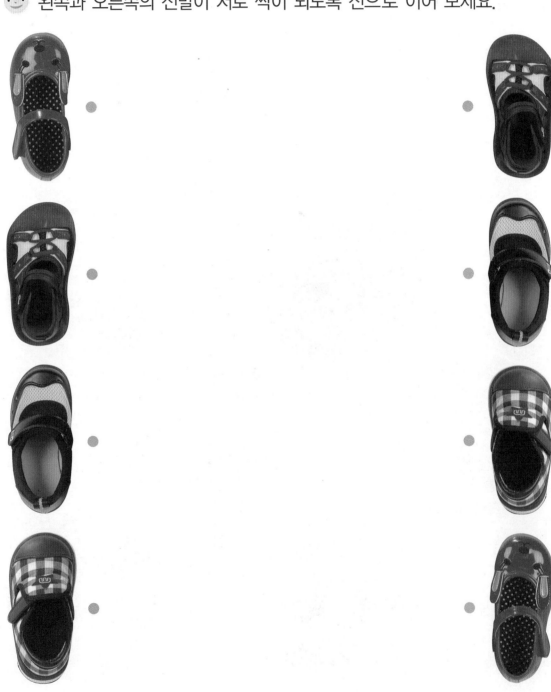

이름 :

날짜 :

확인

손의 모양을 보고 왼손은 빨강, 오른손은 노랑으로 ◯를 칠해 보세요.

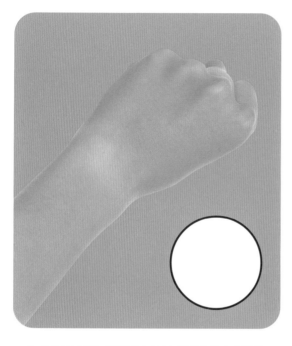

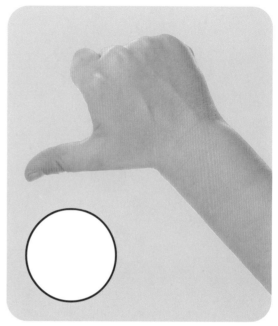

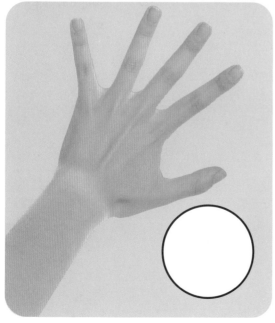

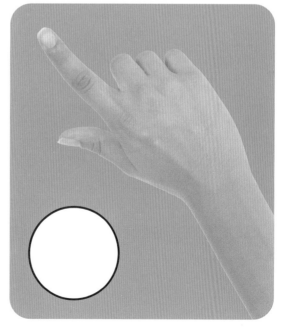

손의 모양을 보고 왼손은 빨강, 오른손은 노랑으로 ◯ 를 칠해 보세요.

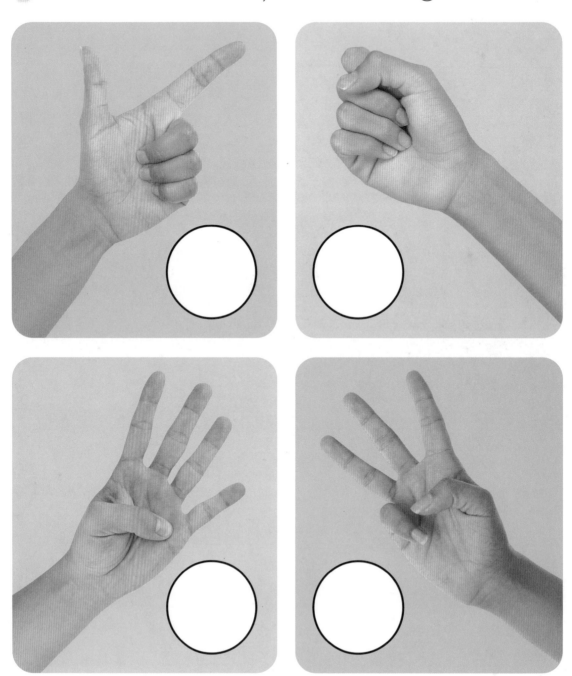

이름 :

날짜 :

확인

[위치 개념 알기 2]

이를 깨끗이 닦아요. 거울에 비친 모습을 아래에서 찾아 ○ 해 보세요.

엄마가 화장을 해요. 거울에 비친 모습을 아래에서 찾아 ◯ 해 보세요.

이름 :

날짜 :

확인

😊 왼쪽의 그림을 잘 보고, 거울에 비친 모습을 찾아 선으로 이어 보세요.

😊 거울에 비친 곰인형의 모습을 보고, 실제 곰인형을 골라 ◯ 해 보세요.

사고력도 탄탄! 창의력도 탄탄!

기탄고력수학

B2

B76a ~ B90b

학습 내용

수량과 숫자 관련 짓기 2	• 6까지의 수량, 수 단어, 숫자 연결하기 • 반구체물을 이용한 6까지의 수 익히기
공간의 기초 4	• 위치 개념 알기 1 (안, 밖) • 위치 개념 알기 2 (왼쪽, 가운데, 오른쪽)

이번 주는?

• 학습 방법 : ① 매일매일   ② 가끔   ③ 한꺼번에
  하였습니다.
• 학습 태도 : ① 스스로 잘   ② 시켜서 억지로
  하였습니다.
• 학습 흥미 : ① 재미있게   ② 싫증 내며
  하였습니다.
• 교재 내용 : ① 적합하다고 ② 어렵다고   ③ 쉽다고
  하였습니다.

지도 교사가 부모님께

부모님이 지도 교사께

평가   Ⓐ 아주 잘함   Ⓑ 잘함   Ⓒ 보통   Ⓓ 부족함

원(교)   반   이름   전화

엄마는 가장 좋은 선생님입니다
G 기탄교육

이렇게 도와주세요!

수량과 숫자 관련 짓기 2

어려운 수 표현을 능숙하게 하려면 반복과 연습이 필요합니다. 앞에서 배웠던 부분을 다시 살펴보고 연습함으로써 수에 대한 유창성과 유연성을 기르도록 합니다.

공간에 관한 기초 개념 알기 4

일상생활에서 쉽게 경험할 수 있는 안과 밖에 대한 개념을 좀 더 체계적으로 학습합니다. 또한 앞서 왼손, 오른손 학습을 통해 배웠던 왼쪽, 오른쪽과 가운데의 개념을 본격적으로 학습합니다.

지도 목표

• 수량과 숫자를 관련 지을 수 있게 합니다.
• 숫자를 쓰고, 다양한 수 표현 방법을 알게 합니다.
• 안과 밖, 왼쪽과 오른쪽을 구분할 수 있게 합니다.

지도 요점

• 숫자와 수 단어를 처음부터 말해 보면서 관계를 차근차근 익히도록 합니다.
• 생활공간 속 경험을 통해 위치 개념을 이해하도록 합니다

[6까지의 수량, 수 단어, 숫자 연결하기]

😊 연에 쓰여 있는 수를 보고, 다른 연을 날리는 친구에게 ◯ 해 보세요.

양동이에 쓰여 있는 수와 물고기의 수가 같은 것에 모두 ◯ 해 보세요.

이름 :

날짜 :

확인

😊 같은 수를 나타내는 것끼리 선으로 이어 보세요.

😊 같은 수를 나타내는 것끼리 선으로 이어 보세요.

오

육

사

둘

넷

다섯

여섯

이름 :

날짜 :

확인

:) 간식의 수를 세어 보고, 아래에서 같은 수를 찾아 ◯ 해 보세요.

4 5 6

넷 다섯 여섯

넷 다섯 여섯

4 5 6

😊 간식의 수를 세어 보고, 그 수를 빈 곳에 다양하게 표현해 보세요.

기탄고력수학

동물들이 각각 같은 수를 나타내는 풍선만 갖도록 줄을 그려 보세요.

😊 같은 수를 나타내는 블록끼리 선으로 이어 보세요.

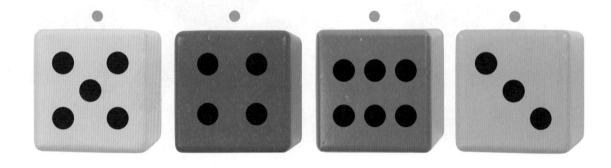

이름 :

날짜 :

확인

[반구체물을 이용한 6까지의 수 익히기]

각각의 개수를 세어 보고, 빈칸에 알맞은 수를 써 보세요.

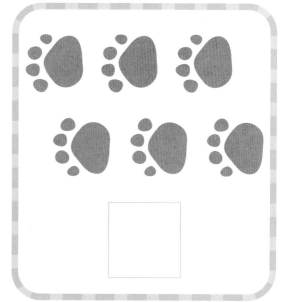

☐ 안의 수와 모양의 개수가 같아지도록 빈 곳에 모양을 그려 보세요.

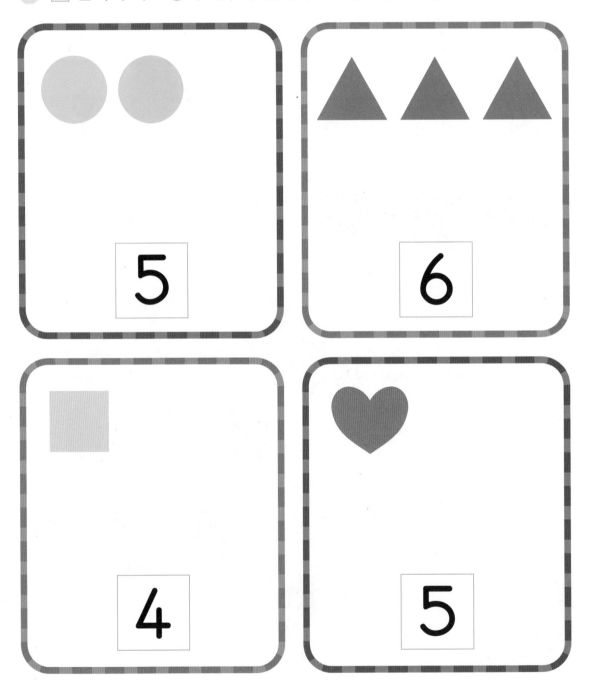

이름 :

날짜 :

확인

😊 같은 수를 나타내는 것끼리 선으로 이어 보세요.

다섯

넷

여섯

😊 같은 수를 나타내는 것끼리 선으로 이어 보세요.

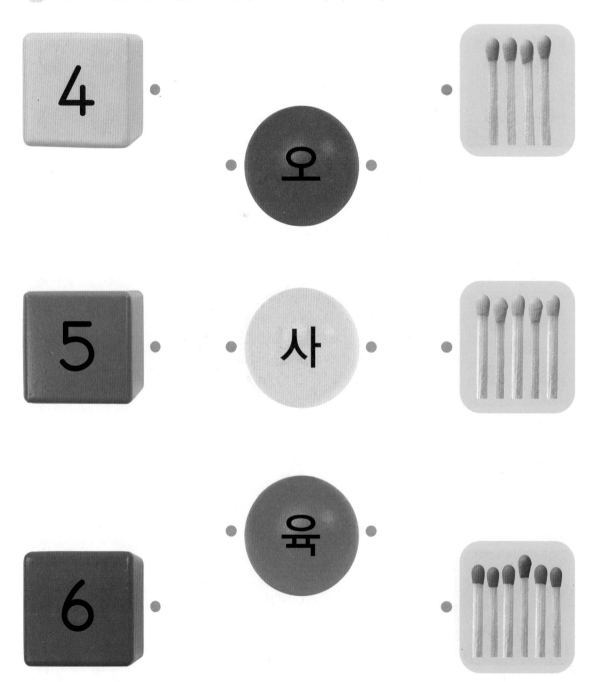

이름 :

날짜 :

같은 숫자끼리 같은 색으로 칠하고, 나타나는 숫자를 말해 보세요.

왼쪽의 수만큼 오른쪽 빈 곳에 아래의 구슬을 오려 붙여 보세요.

4	
5	
6	
넷	
다섯	
여섯	

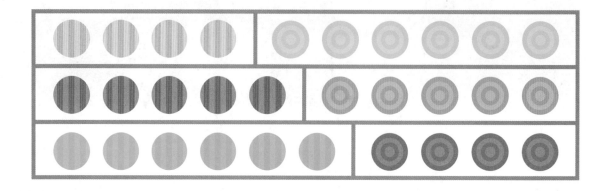

이름 :

날짜 :

😊 6이 쓰여 있는 구름을 파랑으로 칠하고, 나타나는 숫자를 말해 보세요.

😊 아래의 구슬을 오린 뒤, 같은 수가 쓰여 있는 주머니 안에 붙여 보세요.

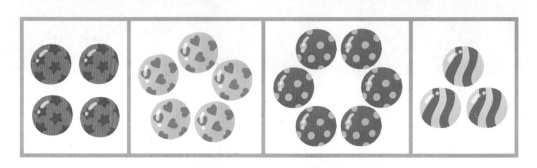

이름 :

날짜 :

확인

[위치 개념 알기 I]

😊 상자 안에 들어 있는 초콜릿을 모두 색칠해 보세요.

😊 새집 밖에 나와 있는 새를 모두 색칠해 보세요.

😊 바구니 안에 놓여 있는 인형에 모두 ◯ 해 보세요.

😊 필통 밖에 나와 있는 크레파스에 모두 ◯ 해 보세요.

수영장 안에 있는 동물에게 ◯, 밖에 있는 동물에게 △를 해 보세요.

😊 아래의 그림을 오린 뒤 어항 안에는 물고기를, 밖에는 벌을 붙여 보세요.

✂ -

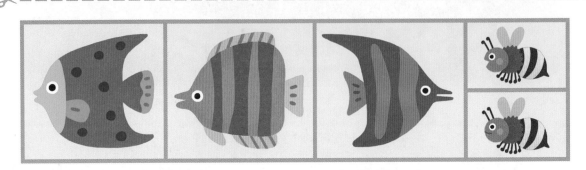

😊 집 안에 있는 물건끼리, 집 밖에 있는 물건끼리 선으로 이어 보세요.

😊 아래 동물을 오린 뒤 울타리 안에는 새끼를, 밖에는 어미를 붙여 보세요.

【 위치 개념 알기 2 】

오른쪽보다 왼쪽 날개에 무늬가 더 많은 나비를 모두 찾아 ◯ 해 보세요.

가운데의 가게에 줄을 서 있는 친구에게 모두 ○ 해 보세요.

이름 :

날짜 :

확인

😊 왼쪽으로 도망가는 쥐에게 ◯, 오른쪽으로 가는 쥐에게 △를 해 보세요.

😊 아래의 음식을 오린 뒤, 냉장고의 오른쪽 칸에 모두 붙여 보세요.

✂ -

왼쪽 길은 빨강, 가운데 길은 노랑, 오른쪽 길은 파랑으로 칠해 보세요.

왼쪽에 딸기, 가운데에 소시지, 오른쪽에 김밥을 오려 붙여 보세요.

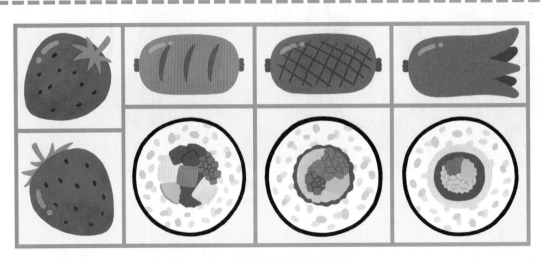

사고력도 탄탄! 창의력도 탄탄!

B2

B91a ~ B105b

수량과 숫자 관련 짓기 3	• 9까지의 수량, 수 단어, 숫자 연결하기 • 반구체물을 이용한 9까지의 수 익히기
시간 및 공간의 기초	• 시간 개념 알기 (낮, 밤) • 다양한 위치 개념 알기

이번 주는?

• 학습 방법 : ① 매일매일   ② 가끔   ③ 한꺼번에
  하였습니다.
• 학습 태도 : ① 스스로 잘   ② 시켜서 억지로
  하였습니다.
• 학습 흥미 : ① 재미있게   ② 싫증 내며
  하였습니다.
• 교재 내용 : ① 적합하다고   ② 어렵다고   ③ 쉽다고
  하였습니다.

지도 교사가 부모님께

부모님이 지도 교사께

평가	Ⓐ 아주 잘함	Ⓑ 잘함	Ⓒ 보통	Ⓓ 부족함

원(교)   반   이름   전화

엄마는 가장 좋은 선생님입니다
G 기탄교육

이렇게 도와주세요!

수량과 숫자 관련 짓기 3

수 사이의 다양한 관계를 이해하는 수 감각은 수에 대한 직관적 능력을 바탕으로 합니다. 다양한 수 활동의 반복은 수에 대한 직관적 능력을 향상시켜 수 감각의 발달을 이끌게 됩니다.

시간·공간에 관한 기초 개념 알기

시간의 흐름을 이해하고 낮과 밤의 특징과 차이를 관찰함으로써 탐구력과 사고력을 기릅니다. 또한 좀 더 복잡한 공간 개념 학습을 통해 위치와 사물 간의 관계, 방향에 대한 공간 감각을 기릅니다.

지도 목표

- 수량과 숫자를 관련 지을 수 있게 합니다.
- 숫자를 쓰고, 다양한 수 표현 방법을 알게 합니다.
- 낮과 밤의 특징을 알고, 바른 생활 습관을 익히게 합니다.

지도 요점

- 숫자와 수 단어를 처음부터 말해 보면서 관계를 차근차근 익히도록 합니다.
- 복잡한 공간 개념은 직접 경험해 보며 이해하도록 합니다.

B91a

이름 :

날짜 :

확인

[9까지의 수량, 수 단어, 숫자 연결하기]

😊 스케치북에 쓰여 있는 수를 보고, 수가 다른 것에 모두 ◯ 해 보세요.

☺ 깃발에 쓰여 있는 숫자와 동물의 수가 같은 배에 모두 ○ 해 보세요.

이름 :

날짜 :

확인

😊 같은 수를 나타내는 것끼리 선으로 이어 보세요.

😊 같은 수를 나타내는 것끼리 선으로 이어 보세요.

칠 구 팔

여덟 아홉 일곱 여섯

이름 :

날짜 :

확인

😊 물건의 수를 세어 보고, 아래에서 같은 수를 찾아 ◯ 해 보세요.

7 8 9

일곱 여덟 아홉

일곱 여덟 아홉

7 8 9

😊 공의 수를 세어 보고, 그 수를 빈 곳에 다양하게 표현해 보세요.

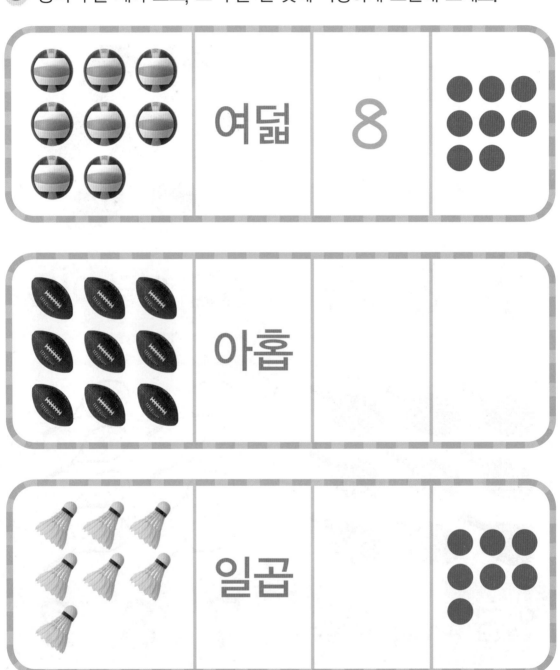

기탄고력수학

이름 :

날짜 :

확인

😊 같은 수를 나타내는 재료끼리 선으로 이어서 꼬치를 만들어 보세요.

☺ 같은 수를 나타내는 것끼리 길을 따라 선으로 이어 보세요.

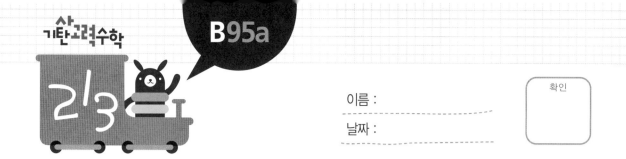
이름 :

날짜 :

확인

【 반구체물을 이용한 9까지의 수 익히기 】

각각의 개수를 세어 보고, 빈칸에 알맞은 수를 써 보세요.

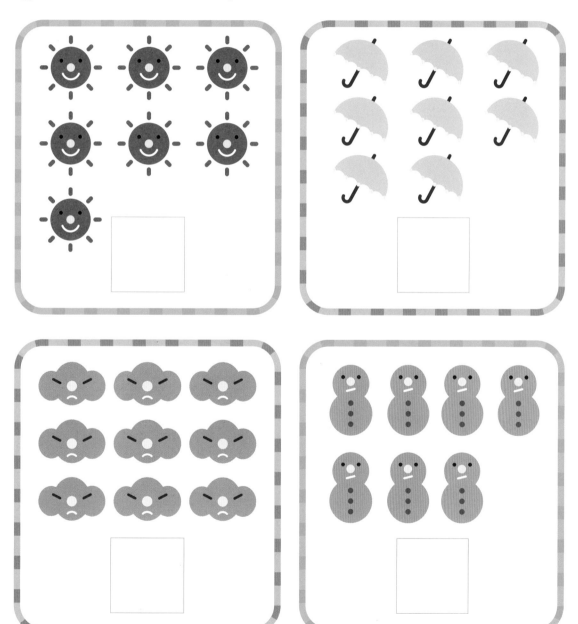

☺ ☐ 안의 수와 모양의 개수가 같아지도록 빈 곳에 모양을 그려 보세요.

이름 :

날짜 :

확인

😊 같은 수를 나타내는 것끼리 선으로 이어 보세요.

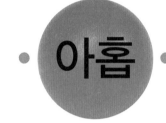
아홉

여덟

일곱

😊 같은 수를 나타내는 것끼리 선으로 이어 보세요.

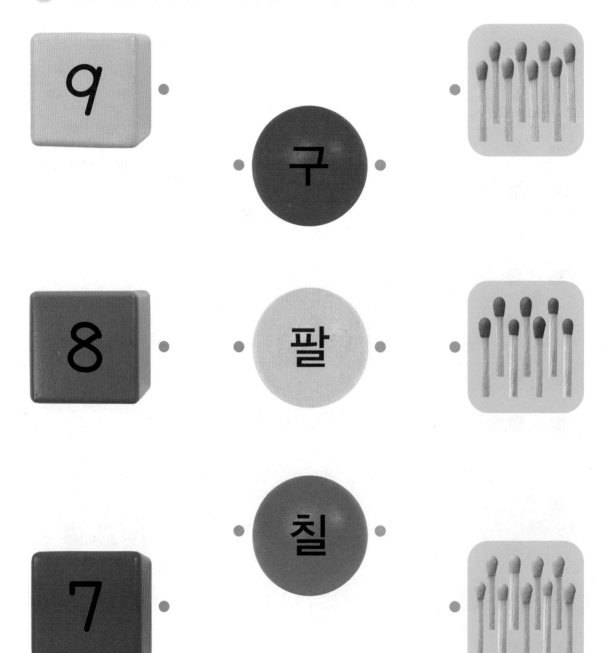

기탄교력수학

이름 :

날짜 :

확인

😊 꽃잎의 수를 세어 ◯ 안에 쓰고, 꽃잎을 각각 다른 색으로 칠해 보세요.

😊 왼쪽의 수만큼 오른쪽 빈 곳에 아래의 구슬을 오려 붙여 보세요.

7	
8	
9	
일곱	
여덟	
아홉	

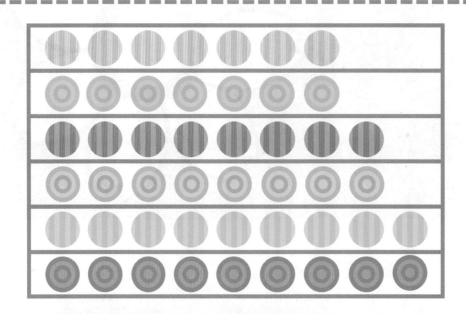

이름 :

날짜 :

확인

😊 9가 쓰여 있는 얼음을 따라 선을 그어서 징검다리를 건너가 보세요.

😊 나무에 쓰여 있는 수와 새의 수가 같도록 아래의 새를 오려 붙여 보세요.

7

✂ -

이름 :

날짜 :

확인

【 시간 개념 알기 】

그림을 잘 보고, 낮에 하는 일 중 바른 것에 모두 ○ 해 보세요.

늦잠 자기

책 읽기

친구랑 놀기

잠옷 입기

그림을 잘 보고, 밤에 하는 일 중 바른 것에 모두 ○ 해 보세요.

잠자기

뛰어놀기

이 닦기

텔레비전 보기

이름 :

날짜 :

낮에 활동하는 동물들이에요. 예쁘게 색칠해 보세요.

밤에 활동하는 동물들이에요. 예쁘게 색칠해 보세요.

이름 :

날짜 :

확인

😊 낮에 어울리는 물건에는 ◯, 밤에 어울리는 물건에는 △ 를 해 보세요.

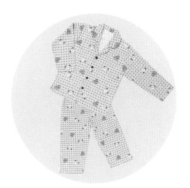

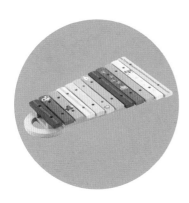

오늘 낮에 있었던 일을 떠올려서 아래에 그려 보세요.

이름 :

날짜 :

확인

그림을 잘 보고, 낮에 어울리지 않는 것을 세 가지 찾아 ◯ 해 보세요.

😊 아래의 그림을 오린 뒤, 밤에 어울리는 것을 모두 골라 붙여 보세요.

✂ -

[다양한 위치 개념 알기]

😊 탐험가가 찍은 사진을 아래에서 골라 ◯ 해 보세요.

103b

😊 탐험가가 찍은 사진을 아래에서 골라 ◯ 해 보세요.

이름 :

날짜 :

확인

토끼가 본 과일의 모습을 아래에서 골라 ◯ 해 보세요.

기린이 본 장난감의 모습을 아래에서 골라 ◯ 해 보세요.

기탄교력수학

이름 :

날짜 :

😊 선생님의 뒷모습을 보고 있는 친구를 아래에서 찾아 ◯ 해 보세요.

강아지와 고양이가 보는 귤의 모습을 아래 빈 곳에 각각 그려 보세요.

기탄사고력수학

사고력도 탄탄! 창의력도 탄탄!

B2

B106a ~ B120b

| 숫자 익히기 3 | • 9까지의 숫자 익히기 |
| 양의 개념 이해하기 | • 구체물을 이용한 양의 개념 알기 (같다, 많다, 적다) |

이번 주는?

- 학습 방법 : ① 매일매일   ② 가끔   ③ 한꺼번에 하였습니다.
- 학습 태도 : ① 스스로 잘   ② 시켜서 억지로 하였습니다.
- 학습 흥미 : ① 재미있게   ② 싫증 내며 하였습니다.
- 교재 내용 : ① 적합하다고   ② 어렵다고   ③ 쉽다고 하였습니다.

지도 교사가 부모님께

부모님이 지도 교사께

평가   ⓐ 아주 잘함   ⓑ 잘함   ⓒ 보통   ⓓ 부족함

원(교)   반   이름   전화

엄마는 가장 좋은 선생님입니다
G 기탄교육

이렇게 도와주세요!

숫자 익히기 3

지금까지 배운 수 표현을 다시 한 번 반복하여 학습합니다. 기계적인 학습이 되지 않도록 다양한 활동을 통해 수를 익히도록 합니다. 또한 흥미와 재미를 느껴 수와 친해지도록 합니다.

양의 개념 이해하기

수 학습이 단지 수를 읽고 쓰는 데 그치지 않도록 하기 위해서 일대일 대응을 통한 수와 양의 비교로 기초 개념을 다지도록 합니다. 주변에서 흔히 볼 수 있는 사물들을 비교함으로써 보다 쉽게 학습할 수 있고, 성취감도 느낄 수 있습니다.

지도 목표

• 수 세기 단어와 숫자의 이름을 구분할 수 있게 합니다.
• 수가 갖고 있는 양의 개념을 바르게 인지하도록 합니다.
• 더 많은 수, 더 적은 수의 개념을 알게 합니다.

지도 요점

• 일대일 대응을 통해 수의 같음, 많음, 적음을 알게 합니다.
• 일상생활 속에서도 수와 양의 관계에 대해 생각하는 습관을 기르도록 합니다.

B 106a

이름 :

날짜 :

확인

[9까지의 숫자 익히기]

☺ 꽃의 수를 세어 보고, 알맞은 수를 오른쪽에서 골라 선으로 이어 보세요.

2

하나

넷

3

다섯

기탄고력수학

같은 수를 나타내는 것끼리 선으로 이어 보세요.

9

7

4

6

8

일곱

다섯

아홉

하나

여섯

여덟

이름 :

날짜 :

확인

☺ 같은 수를 나타내는 것끼리 선으로 이어 보세요.

😊 같은 수를 나타내는 것끼리 선으로 이어 보세요.

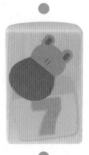

여섯　　다섯　　넷　　여덟

기탄고력수학

이름 :

날짜 :

확인

왼쪽의 수만큼 오른쪽의 얼굴을 색칠해 보세요.

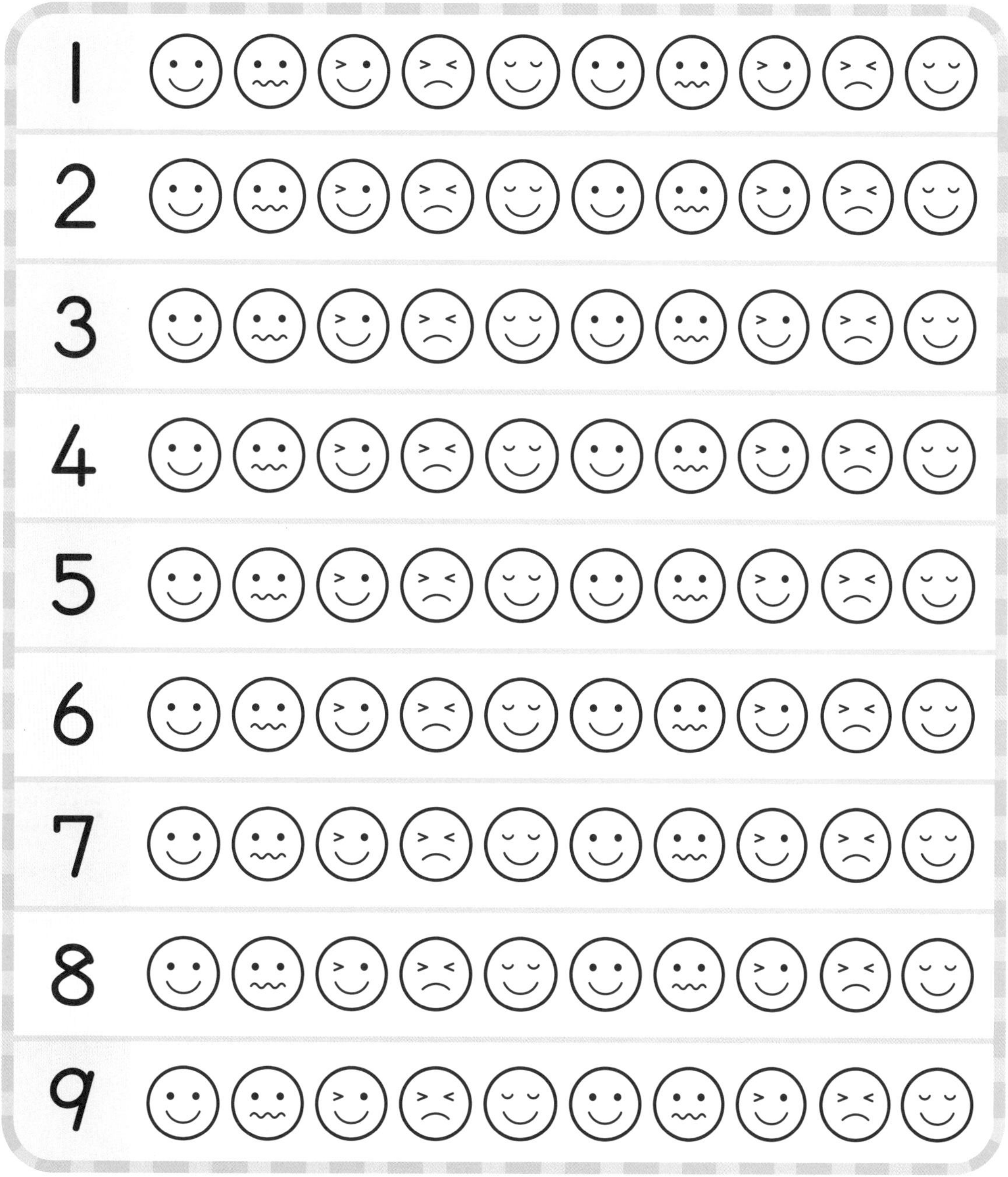

1	☺ ☺ ☺ ☹ ☺ ☺ ☺ ☺ ☹ ☺
2	☺ ☺ ☺ ☹ ☺ ☺ ☺ ☺ ☹ ☺
3	☺ ☺ ☺ ☹ ☺ ☺ ☺ ☺ ☹ ☺
4	☺ ☺ ☺ ☹ ☺ ☺ ☺ ☺ ☹ ☺
5	☺ ☺ ☺ ☹ ☺ ☺ ☺ ☺ ☹ ☺
6	☺ ☺ ☺ ☹ ☺ ☺ ☺ ☺ ☹ ☺
7	☺ ☺ ☺ ☹ ☺ ☺ ☺ ☺ ☹ ☺
8	☺ ☺ ☺ ☹ ☺ ☺ ☺ ☺ ☹ ☺
9	☺ ☺ ☺ ☹ ☺ ☺ ☺ ☺ ☹ ☺

왼쪽의 수만큼 오른쪽에 ♡ 를 그려 보세요.

하나	♡
둘	♡ ♡
셋	
넷	
다섯	
여섯	
일곱	
여덟	
아홉	

기탄고력수학

이름 :

날짜 :

확인

😊 같은 수를 나타내는 길을 따라 각각 다른 색으로 선을 그려 보세요.

B 109b

😊 왕자가 공주를 구하러 가요. 수가 같은 것만 따라서 선을 그어 보세요.

이름 :

날짜 :

확인

😊 보기 의 규칙을 잘 보고, 알맞은 색깔로 빈 곳을 칠해 보세요.

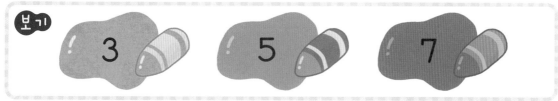

😊 보기의 규칙을 잘 보고, 알맞은 색깔로 빈 곳을 칠해 보세요.

보기 2 4 6

이름 :

날짜 :

확인

😊 똑같은 수가 쓰여 있는 점끼리 선으로 이어서 그림을 완성해 보세요.

😊 똑같은 수가 쓰여 있는 점끼리 선으로 이어서 그림을 완성해 보세요.

이름 :

날짜 :

확인

[구체물을 이용한 양의 개념 알기]

😊 동물과 어울리는 먹이를 하나씩 선으로 이어서 짝을 지어 보세요.

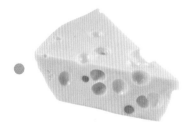

꽃과 나비를 하나씩 선으로 이어서 짝을 지어 보세요.

이름 :

날짜 :

☺ 왼쪽과 오른쪽의 물건을 하나씩 선으로 이어서 짝을 지어 보세요.

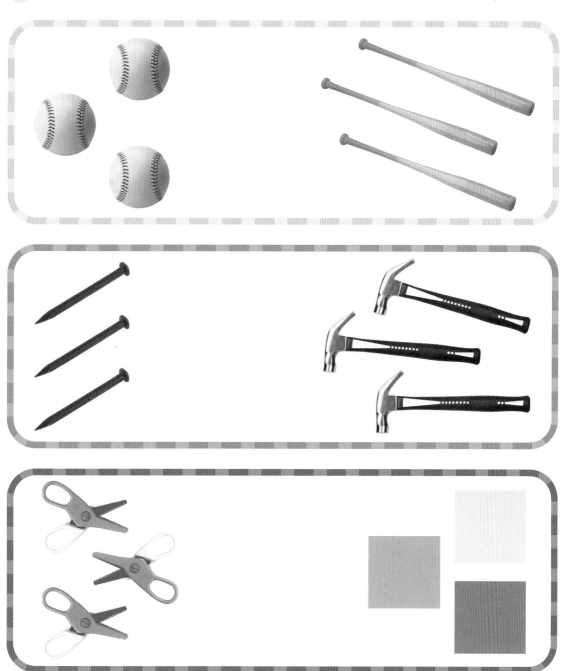

왼쪽과 오른쪽의 물건을 하나씩 선으로 이어서 짝을 지어 보세요.

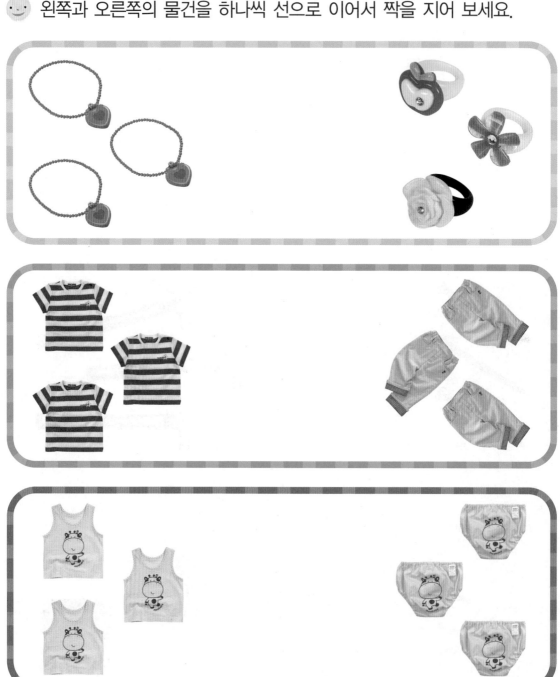

이름 :

날짜 :

확인

😊 왼쪽 동물의 수를 세어 보고, 그 수만큼 빈 곳에 ◯를 그려 보세요.

😊 아래의 모자를 오린 뒤, 친구들의 머리에 하나씩 붙여 보세요.

B115a

이름 :

날짜 :

확인

😊 왼쪽과 오른쪽의 물건을 하나씩 선으로 잇고, 남는 것에 ◯ 해 보세요.

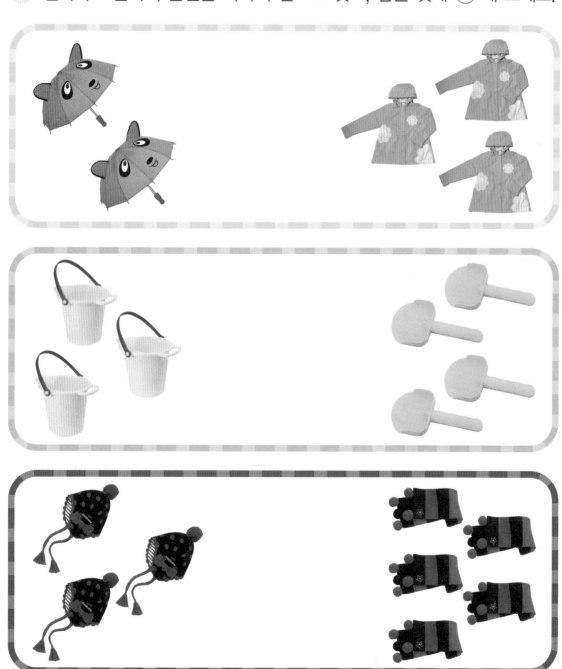

컵과 접시를 하나씩 선으로 잇고, 남는 것에 ◯ 해 보세요.

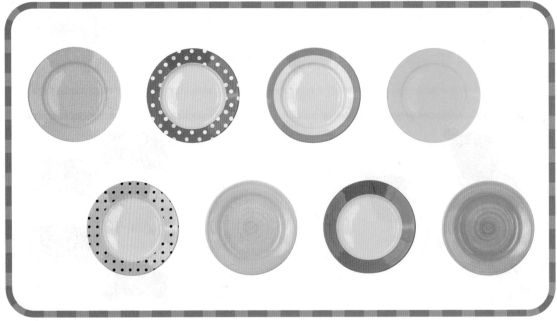

이름 :

날짜 :

확인

😊 왼쪽과 오른쪽의 음식을 세어 보고, 수가 더 많은 쪽에 ◯ 해 보세요.

다람쥐가 집에 가요. 도토리가 더 많은 쪽 길을 따라 선을 그어 보세요.

이름 :

날짜 :

확인

😊 양쪽의 물건을 하나씩 선으로 잇고, 모자란 수만큼 ◯를 그려 보세요.

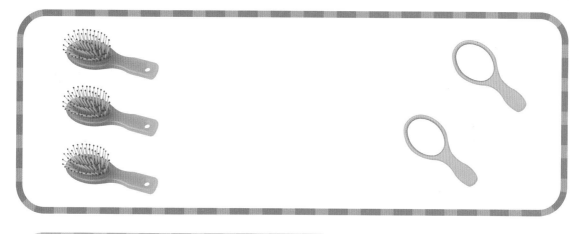

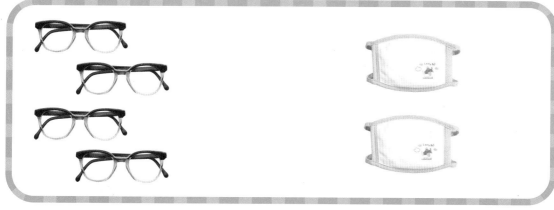

기탄고력수학

B117b

😊 과일과 채소를 하나씩 선으로 잇고, 모자란 수만큼 ◯를 그려 보세요.

기탄고력수학

이름 :

날짜 :

왼쪽과 오른쪽의 곤충을 세어 보고, 수가 더 적은 쪽에 ◯ 해 보세요.

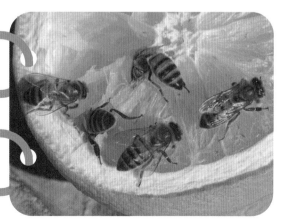

😊 보석을 길에 흘렸어요. 보석이 더 적은 쪽 길을 따라 선을 그어 보세요.

이름 :

날짜 :

확인

단추의 수가 가장 많은 옷은 빨강, 가장 적은 옷은 보라로 칠해 보세요.

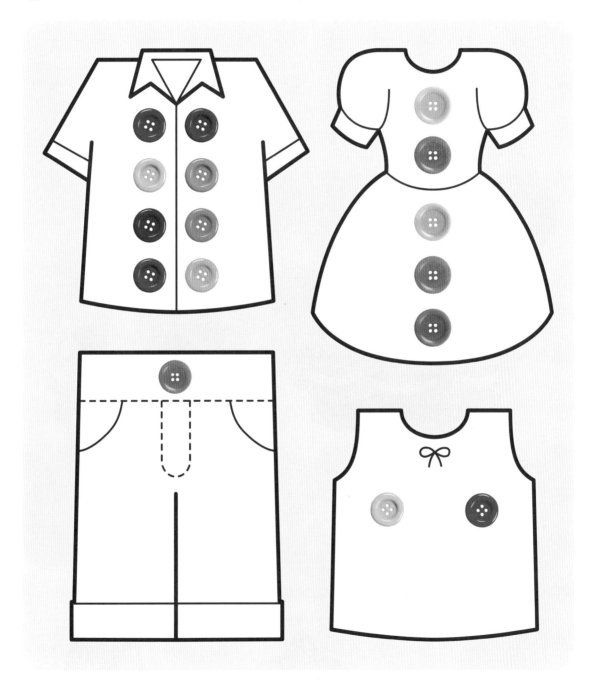

아래의 풍선을 오린 뒤, 동물들이 더 많이 탄 기구에 모두 붙여 보세요.

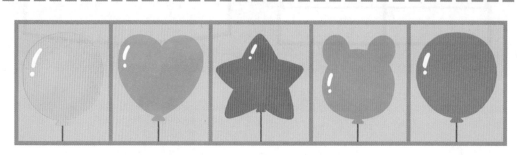

기탄교력수학

이름 :

날짜 :

확인

😊 동물들의 다리 수를 세어 보고, 더 적은 동물을 예쁘게 색칠해 보세요.

열심히 공부해서 B2집을 끝마치니 뿌듯하지요?
B3집에서는 어떤 내용이 기다리고 있을까요?
기탄 친구들, B3집에서 다시 만나요!

😊 아래 쿠키를 오려 수를 세어 보고, 두 쟁반에 똑같이 나눠 붙여 보세요.